Nº2

The 모두의 스도쿠

SUDOKU

랜딩북스

스도쿠 이해하기

스도쿠는 큰 사각형(9×9)에 1에서 9까지의 숫자가 일부 채워진 상태로 시작합니다. 퍼즐을 완성하려면 아홉 칸으로 이루어진 작은 사각형(□, 3×3), 가로줄, 세로줄의 각 칸에 1에서 9까지의 숫자를 중복없이 채워 넣어야 합니다.

작은 사각형

8		6						9
			8				1	6
2	9		6		1	8		
	3			6	8	4		2
9			5	3	4	6		1
6		7	1		2	3		
	6		3	4	7	2	5	8
	5	8					3	
		4	9	8	5			

가로줄

세로줄

큰 사각형(9×9)에 보이는 숫자들을 잘 살펴보고 각 빈칸에 들어갈 숫자를 알아내세요.

처음에는 확실한 숫자부터 채워나갑니다. 처음부터 빈칸을 다 채우려고 하면 오히려 헷갈려요. 반대로 한눈에 봐도 자리가 확정된 숫자들이 있는데, 그걸 먼저 채우면 퍼즐이 서서히 풀리기 시작합니다.

다음으로 작은 사각형(3×3)을 기준으로 보는 습관을 들여야 합니다. 처음엔 가로줄, 세로줄만 보게 되는데, 사실 중요한 건 작은 사각형(3×3) 안에 1~9까지의 숫자가 중복되지 않도록 채우는 거예요. 이걸 의식하면서 보면 빈칸의 숫자가 좀 더 쉽게 보입니다.

1. 작은 사각형 안에 1~9까지 숫자가 중복되지 않게 채운다.
2. 가로줄, 세로줄에도 1~9까지 숫자가 중복되지 않게 채운다.
3. 모든 작은 사각형, 가로줄, 세로줄에 1~9까지 중복되는 숫자없이 모든 칸 안에 하나의 숫자가 들어가야 한다.

Tip. 작은 사각형이나 가로줄, 세로줄에서 빈칸이 가장 적은 사각형들을 먼저 채워 나가면 퍼즐을 쉽게 풀어나갈 수 있다.

스도쿠를 푸는 방법

1. 작은 사각형, 가로줄, 세로줄 확인하기

스도쿠의 시작은 작은 사각형(3×3), 가로줄, 세로줄을 분석하는 데 있습니다.

예를 들어, 하나의 작은 사각형(3×3)에 1, 2, 3, 4, 5의 숫자가 이미 들어가 있다면, 그 작은 사각형(3×3)의 나머지 칸에는 6, 7, 8, 9 중 어떤 숫자가 들어갈 수 있는지를 결정할 수 있습니다. 이처럼 각 빈칸에 들어갈 수 있는 숫자를 고려하는 것은 문제 해결에 큰 도움이 됩니다.

1) 3×3의 작은 사각형 푸는 방법

㉮의 작은 사각형에서 A, B에 들어가야 할 숫자를 찾아보자. ㉮의 작은 사각형에 들어가야 할 남아 있는 숫자는 2와 8이다.

A의 세로줄에 이미 2가 있으므로 B에 2가 들어가야 한다. 그러므로 A에는 8이 들어가야 한다.

		2			8		4	1	3	
			8	3	6	2	5			
	3	9			5			2		
	9	Ⓐ	Ⓑ	4		6	7	Ⓒ	Ⓓ	
㉮	7	3	4	2		5	8	Ⓔ	6	㉯
	1	6	5		7		3	4	Ⓕ	
		4	1					3	5	
			3	8	4	1	9	6		
	6	7	9					8	4	

㉯의 작은 사각형에서 C, D, E, F에 들어갈 숫자를 찾아보자. ㉯의 작은 사각형에 들어가야 할 남아 있는 숫자는 1, 2, 5, 9이다.

1이 들어가야 할 자리는 C, E의 세로줄과 F의 가로줄에 이미 1이 있으므로 D에 1이 들어가야 한다.

2가 들어가야 할 자리는 C, E의 세로줄에 이미 2가 있으므로 F에 2가 들어가야 한다.

5가 들어가야 할 자리는 E의 가로줄에 이미 5가 있으므로 C에 5가 들어가고, 나머지 9는 E에 들어가게 된다.

2) 가로줄과 세로줄 푸는 방법

㉮의 가로줄 A, B에 들어가야 할 숫자를 찾아보자. ㉮의 가로줄에 들어가야 할 남아 있는 숫자는 8과 9이다.

A의 세로줄에 이미 8이 있으므로 B에 8이 들어가며 나머지 9는 A에 들어가게 된다.

㉯의 세로줄 C, D에 들어가야 할 숫자를 찾아보자. ㉯의 세로줄에 들어가야 할 남아 있는 숫자는 1과 5이다.

㉰의 작은 사각형에 이미 1이 들어가 있으므로 C

		2			8		4	1	3
		Ⓒ	8	3	6	2	5		
	3	9			5			2	
	9	8	2	4		6	7	5	1
	7	3	4	2		5	8	9	6
㉮	1	6	5	Ⓐ	7	Ⓑ	3	4	2
		4	1					3	5
㉰		Ⓓ	3	8	4	1	9	6	
	6	7	9					8	4
		㉯							

에 1이 들어가며 나머지 5는 D에 들어가게 된다.

2. 후보 숫자 적어두기

초보자에게 가장 추천하는 방법 중 하나는 퍼즐을 풀다가 막히면 빈칸에 들어갈 후보 숫자를 모두 적는 것입니다. 이렇게 하면, 특정 칸에 들어갈 수 있는 숫자의 범위를 줄이는 데 효과적입니다. 예를 들어, 특정 빈칸에 7과 8이 넣을 수 있는 숫자라면, 그 칸에 작은 글씨로 적어두고 다른 숫자들과의 관계를 살펴보세요. 각 칸에 적힌 후보 숫자를 통해 어떤 숫자가 들어갈 수 있는지를 파악할 수 있습니다. 이 과

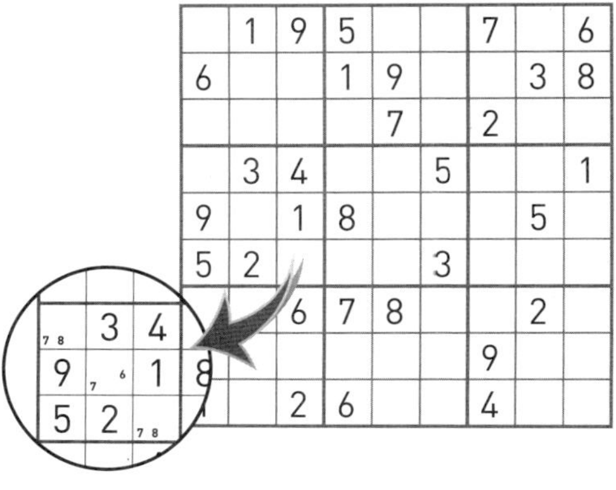

	1	9	5			7		6
6			1	9			3	8
				7		2		
	3	4			5			1
9		1	8				5	
5	2				3			
		6	7	8			2	
						9		
		2	6			4		

7 8	3	4
9	7 6	1
5	2	7 8

정은 처음에는 다소 번거롭게 느껴질 수 있지만, 반복하면서 훨씬 더 익숙해질 것입니다.

3. 적절히 휴식하기

스도쿠 문제를 풀다가 중간에 잠시 생각을 멈추어 정리할 필요가 있습니다. 이를 통해 퍼즐 전체를 다시 검토하고 새로운 관점을 발견할 수 있습니다. 때로는 문제에 갇힌 상태에서 벗어나 잠시 휴식이 필요합니다.

4. 시간제한 두기

스도쿠 문제를 풀 때 시간을 체크하고 시간제한을 두는 연습을 합니다. 일정 시간 내에 퍼즐을 푸는 연습을 하면서 보다 효율적으로 문제를 해결하는 능력을 키울 수 있습니다. 초기에는 여유롭게 시간을 두고 생각하며 문제를 풀다가, 점차 빠른 속도로 문제를 해결하는 것을 목표로 하는 것입니다. 제한된 시간이 주어지면, 긴박감 속에서도 논리적인 사고를 유지하는 데 도움이 됩니다.

5. 다양한 난이도 도전하기

스도쿠를 더욱 잘 풀기 위해서는 다양한 난이도의 퍼즐을 시도하는 것이 중요합니다. 쉬운 문제부터 시작하여 점차 어려운 문제로 넘어갈 때 자신의 발전을 느낄 수 있습니다. 초기에는 쉬운 문제로 감을 익히고, 중간 및 어려운 난이도로 넘어갈 때는 보다 분석적인 사고가 필요하다는 것을 깨닫게 될 것입니다. 이렇게 하면 스도쿠에 대한 자신감을 키우고, 실력을 단계적으로 증진시킬 수 있습니다.

이 책은 난이도에 따라 ★(쉬움), ★★(보통), ★★★(어려움)으로 구성되어 있습니다.

※ 스도쿠는 단순한 숫자 퍼즐이 아니며, 깊은 사고와 전략적 접근이 필요한 도전적 게임입니다. 초보자라 하더라도 앞에서 언급한 방법을 통해 문제 해결 능력을 기를 수 있습니다. 한 문제씩 차근차근 풀어보며, 스도쿠가 주는 재미와 보람을 느껴보길 바랍니다. 지적으로 도전하는 과정을 통해 머리도, 마음도 한층 성장하게 될 것입니다. 스도쿠를 통해 문제 해결 능력을 기르고, 삶의 여러 도전들에 대해 보다 자신감 있게 접근할 수 있기를 기원합니다.

SUDOKU

001

★☆☆

8	2			1	7	6		
			2				4	
7				3				
2		8		6	4	3		
	7		3	2		8		4
6		3			8	2		1
3	9		8	4	2	7		6
1	6	2	7		3	4	9	8
	8	7	6	9		5	2	

정답은 130쪽에 있습니다.

SUDOKU

002

★☆☆

1		3	5			6	4	8
			1					3
8	6	5			4	2		9
2	3	6	7	4			9	
		1	6			8	3	
5			2		1			6
3	2	4	9	6	7		8	1
		8	4	2	5	3	6	
		7	8			9		

정답은 **130쪽**에 있습니다.

SUDOKU

003

★☆☆

		3	2		8	7		
	2	8		4			1	5
6	7	4	1		3	2	8	
4		5		2				3
3	8	6	5				9	2
	9			6	4	1	5	
		2	9			8	6	
7		1		8				4
8	6	9	4				3	7

정답은 130쪽에 있습니다.

SUDOKU

004

★☆☆

2	1	3		9		5		
6	4		1	7		2		
5	9				3	6		
	7					8		
	3	2	5	6	8	7	1	
	6	5	9	1	7		3	
3	2	4	6		1		7	
7		6	8		9			
9	8		7	2	4		5	

정답은 **130쪽**에 있습니다.

SUDOKU

005

★☆☆

		1						
	3	6	5				8	
8	9				6	1	2	5
1			2					
3	4	8				2	5	1
5	6		4		8	9	7	3
9		5	8			3	6	
6	8	3	1	2	5	4	9	
	2		3	6	9	5	1	

정답은 **131쪽**에 있습니다.

SUDOKU

006

★☆☆

	8		6		3		2	
	4			7	2		3	6
	2	3	9		8			5
	7	8	3	6			5	9
1		4	2		5			7
3	5	9			7	2	6	1
	3		1				4	2
		2			6	5	9	8
5					4	7		3

정답은 131쪽에 있습니다.

SUDOKU

007

★☆☆

				4	2			
	8	2		7	3			
3			6					2
8	5	1		3	7	2		9
2		6	8	1	9			4
9	7	4	2		5	3		8
	2		3		1		5	
	4		5	9	6			
5	6		7	2	4	9	8	1

정답은 **131쪽**에 있습니다.

SUDOKU

008

★☆☆

	9				2	7	6	3
7	6	8	3	4				5
	5				9		8	
1		2	9	8				
9			1	7	6	4	2	8
6	8	7	2	3				
3	7	6	4		8		1	9
5						8	3	2
			5	1	3		4	

정답은 **131쪽**에 있습니다.

SUDOKU

009

★☆☆

5	7			4		8	3	6
9			2			4	1	5
1	4	3	6		5			
4		7			6		8	2
			4			5	6	7
	2		7		8	3		
2		4	8	5			7	
7	3			6				
8		9	3	2	7	6	4	1

정답은 **132쪽**에 있습니다.

SUDOKU

010

★☆☆

		4	2			9		
	3	8	9		4		7	1
2	5			1	8	6	4	
	2					5	6	9
	8					4	1	7
	7	6		4	9	8	3	
	6	5	8			7	2	4
3	9			7	5	1		
8		7	6	2	1			

정답은 **132쪽**에 있습니다.

SUDOKU

011

★☆☆

			5	1	3		6	9
8	5	6			7	3	4	
3	9	1				5		
7	3	5		2	8		1	
9		4	3	7		2		5
1			9	5	6		7	3
2			7	4	9	6		
			8	6		1		
	4	8		3		7		

정답은 **132쪽**에 있습니다.

SUDOKU

012

★☆☆

4	7			5				8
6				7	2			
	5	8		6	9		1	
		5	3	1		6		
				2				
7	2		9	4	6	8		1
8	9	1	6	3	5	2		
2	4	6	7	8		5	9	3
5			2	9		1	8	6

정답은 **132쪽**에 있습니다.

SUDOKU

013

★☆☆

		4						
	5	2	6			8	7	
8				9		4	1	3
	6	7	3		4			1
5		9		1	8		3	6
3	1	8	2		9			5
			8		1	3	9	
7	9	1	4	3	5	6		8
4	8	3				1		7

정답은 **133쪽**에 있습니다.

SUDOKU

014

★☆☆

5	1			2			7	
		9	7	4		5		
	3					2	9	8
4		8					2	6
	7	1		6	2	3	5	4
6	2	3	5		4			
8		2		5	7	6		
1	6	7	2	3	9	8	4	
3	9			8				2

정답은 133쪽에 있습니다.

SUDOKU

015

★☆☆

1	2					5		8
	8	6				2		
3		4	2	1			6	7
	3	1	8	4	2		7	
		2			3		5	1
8	7	9		5	6			2
6	9		4	8	1	7	2	
			3		7			5
7	1	3	5	2		4		

정답은 **133쪽**에 있습니다.

SUDOKU

016

★☆☆

	1							5
3	9	5					1	
		7	5	1	2	9		6
					8		5	
8		3	7	6	1			
9	6	1	4		5	3	8	7
		8	2	3	6		7	
6	7		8	5	4	1		3
	3	2	1		9		6	4

정답은 **133쪽**에 있습니다.

SUDOKU

017

★☆☆

2	8				7	6	3	
9	3					2	1	
		5	1	3		4	8	9
1	4							6
	9			6	3		4	2
3	2	6	7	4	1		5	8
4	5	2		7	9	8		
	6			1		7		
	1	3		8	6		9	

정답은 **134쪽**에 있습니다.

SUDOKU

018

★☆☆

8		9	1				7	
		5	8	2		3		
1		2	4	3	7		9	
3				6			4	
4		6		8		9		3
9	7	8	3	4	2			5
	9	7		1			3	4
6	8		2				5	1
2		3	5	7		6		9

정답은 **134쪽**에 있습니다.

SUDOKU

019

★☆☆

1	2	3	4	5	6	7	8	9
		1			7			6
		8	3		1	4		7
		6			8			3
3	1	4					5	9
	5	9	6	4			7	8
8	6		9	1		2	3	4
		2	8	7	4	3	6	5
				2	9	7	8	
7	8	5	1					2

정답은 **134쪽**에 있습니다.

SUDOKU

020

★☆☆

6		3				2		7
		1			6			
	7		1		4		6	3
	9					3		5
5	2		9	3	1			6
4	3		2	8	5	1	7	9
7		2			3		9	4
	1		7			6	3	2
3			6	9	2	7	5	1

정답은 **134쪽**에 있습니다.

SUDOKU

021

★☆☆

		8	7					
1	7		5		3	4	8	
5					4	2		
4			6	5				8
	1	6			8	3	4	5
	9		4			6	7	2
	6	7	9	1	2	8	5	4
	5			4	6		9	3
9	8		3			1	2	6

정답은 **135쪽**에 있습니다.

SUDOKU

022

★☆☆

		8	4	9	1	2	3	
		4		3	6		5	9
	9		8	5	2			4
1	3	2		4		6	8	
		7			8		9	
9		5						
	4	9	6	1	3	7	2	5
7			2	8	4			3
	2	3	9			4	1	

정답은 **135쪽**에 있습니다.

SUDOKU

023

★☆☆

1			4			7	2	5
7	5		1			4		9
			2			1		
2		7				9		4
4	1	9			2	3		6
6					4	2		
5	2	3		4	8		9	1
	4	6	3	9	1			2
9	7		6		5	8	4	3

정답은 135쪽에 있습니다.

SUDOKU

024

★☆☆

	9	4	2		6		7	8
7					9		1	6
	8		1	7	5		9	2
	1	7			2	8		5
		3	5	6	1		2	
5	6	2	7			1	3	
	7		8	1		6	5	3
				5				1
			6	2	3	7		9

정답은 **135쪽**에 있습니다.

SUDOKU

025

★☆☆

	7		1	2	9			3
5					6			
	3		7			9	4	
	4	2		7			8	9
			2			7	3	5
3	5		9	8		6		
9	2		3		7	8	1	6
4		8		9		3	5	7
7		3	8	1	5	4	9	

정답은 **136쪽**에 있습니다.

SUDOKU

026

★☆☆

9				2			6	8
		6				2	7	9
		2	8	6				1
1	2	3	6	5	8		9	
5			2				3	6
4	6	7	9	3		8		2
2	7			8				3
3	9	5		1		6	8	4
			4		3	7		5

정답은 **136쪽**에 있습니다.

SUDOKU

027

★☆☆

	2			4		3		
		5			1		7	2
7		4	3		2		1	9
6	5		1	3			9	
		7	2	5		6	4	3
	9	3			6			
9		8			5	1	3	
	3		4	7		9	6	5
5		6	9	1	3	8		4

정답은 **136쪽**에 있습니다.

SUDOKU

028

★☆☆

4			6		2	3		
9		7	5	1	3	6	2	4
		6		4			1	
	1				4	2		
		8	1			5	3	9
		2		3		4	6	1
8		5		7	1	9	4	6
1	6	4	3	9			8	
			4		8	1	5	

정답은 136쪽에 있습니다.

SUDOKU

029

★☆☆

3				2		6	8	7
	6	7	5					4
		8		6	7		5	
	1		6	9		3		8
	2	3				1	9	
8	7	9	1	5	3		6	2
	8	5	2		6	7	1	3
		2		7				6
7	4		8		1			9

정답은 **137쪽**에 있습니다.

SUDOKU

030

★☆☆

				4	9			7
	8	9	1	7		4	3	2
3		7						
9	1		8		6	7		3
7	6		4	2	3			8
	3		9	1	7	5		4
	7	3		9				5
1	2	6	5	8				9
5		8	7			2		6

정답은 **137쪽**에 있습니다.

SUDOKU

031

★★☆

		7		6		8	2	
	5	4		2	1	3		
3							1	9
		3			7	4	9	5
		9		3			7	8
	8		5	4	9			
4	9			1	3	7	5	2
2	3		7		4	9		6
				9	2	1		

정답은 **137쪽**에 있습니다.

SUDOKU

032

★★☆

		4		6		9	5	
	5		8		9			
			5	4		6		8
		2	9	5	4		1	
							4	9
1			6		7	2	3	5
5			2	9			6	
	9	6	1	7	5		8	2
	2	8		3		5	9	1

정답은 **137쪽**에 있습니다.

SUDOKU

033

★★☆

		5	3	2	1			9
4			6	5		1		
	8	1	4		9			
	3	7		6	5			
8		2				6	5	
	5		8			7	9	
		4	5		2	9	7	
			9	4	6	5	3	
5	6	9			3	2		8

정답은 **138쪽**에 있습니다.

SUDOKU

034

★★☆

			3				9	7
3	7		9	6	5	4	1	8
			2			6	3	
	2		8	7				9
	9	1	4		3			2
8	3							
		4		9	6	8		3
9	8	6			2	5	4	
	5	3	1		8		2	

정답은 **138쪽**에 있습니다.

SUDOKU

035

★★☆

9				8		2	6	
7				2	6			5
2	4		1	9	5	7	8	3
3	2							
4		1	9	5	2			
5			6		1	9	4	2
1					8	4		
8	9		2	4	7		5	
	5					8		7

정답은 138쪽에 있습니다.

SUDOKU

036

★★☆

9		4	7	8	2		5	6
				9		7	8	2
	2	8						1
1	3		8					9
				1			3	
			2	3	9	5		
5	9		4		8		6	3
	7	1	5		3	2	9	
3	8	6			1	4		

정답은 **138쪽**에 있습니다.

SUDOKU

037

★★☆

5		4	8					9
7				4		6		
6	9	8				5		
4			9	1		3		5
1							9	
	5			2			4	
	6				5		2	3
		9	2	8			5	1
	7					9	8	

정답은 **139쪽**에 있습니다.

SUDOKU

038

★★☆

9				2			5	8
1			4	5		6	2	3
		6			7			9
		9			3			
				1			8	
				7	5		4	
	7	2	1			8	9	
8	3	4		9	2	5	6	
						2	3	7

정답은 **139쪽**에 있습니다.

SUDOKU

039

★★☆

					2	9		
1			4	5			2	7
6			3	9		5	4	1
	1	6	2	7			5	4
3		7	1					6
9	3		7		6	4	1	5
7	5					2	6	
	6	4	5		1		3	

정답은 **139쪽**에 있습니다.

SUDOKU

040

★★☆

2					6	5	1	7
				7	5	2		4
			4				3	8
	7		3		8			
	5		7			9		1
8					9	7	5	
7		8	5					2
	1		2		3	8		5
	2				7			9

정답은 139쪽에 있습니다.

SUDOKU

041

★★☆

7	6	2	9	5				1
	3				2	4	9	5
	4			1		2		
			1		6			4
			8			7		6
9	5		2	4	7	1	3	
2	8			6				
6	9		7	2	1	8		
3			5		9	6		2

정답은 **140쪽**에 있습니다.

SUDOKU

042

★★☆

3		2	1					
			9			4		2
	5	9			6	3	8	1
						9	7	
6		1	5		7		4	
	7			6		1	2	
2		8	3	5		6	9	7
1	9	6	2		4	5	3	
			6		9	2		4

정답은 **140쪽**에 있습니다.

SUDOKU

043

★★☆

	4	7	2	1	8	6		5
8	2			6		4		
			4					
9				2	4	1		6
	6			8	5		7	
	7		6	9			4	8
		2		7				
7	1	8		4	6	5		3
6		9	1	5	2	7		

정답은 **140쪽**에 있습니다.

SUDOKU

044

★★☆

				3	4	7	5	2
	8		9	6				1
3	5			2				9
1	4			5	9	2		6
	2			4	8	5	1	3
5		3	2		7	9		
	3						9	5
		6			3			4
4	9			8	6	3		

정답은 **140쪽**에 있습니다.

SUDOKU

045

★★☆

7			5			3		1
		5		8	3	6		
4			1	7	6	2		5
	5	3				8	2	
6		7			5			4
			9	6	8			3
3	7	4				1	5	8
	1		8	3			6	
	2		4	5		7	3	

정답은 **141쪽**에 있습니다.

SUDOKU

046

★★☆

			7					5
7		8			2	3	1	
	4	1		3	9		8	6
1					4			
				9	6	5		
4		9				8	3	
		7	8	4			9	
8				2			5	7
5		3	6				2	

정답은 **141쪽**에 있습니다.

SUDOKU

047

★★☆

		5	7	6	1	9		
	1	6		3				
		3	4	9				1
	5	7	6	8				
	2		5		7			
		8				5	7	6
	3		1	7	8	2		9
1					6			7
				5			1	3

정답은 **141쪽**에 있습니다.

SUDOKU

048

★★☆

7			8	2				
		6				8		
	5				3		2	
3		1	6	7				5
6		5	4	8		9	3	
4	2	8	3			1		7
9	8		1	4	6			
				3		6		8
	6	3	7					9

정답은 **141쪽**에 있습니다.

SUDOKU

049

★★☆

1		5			8	9		
4	3				1		6	7
							2	
			6		7	2		
	9		3	8		7		4
5		8		4		3		6
	1		9		6		3	2
9	6	2	8		3	4	7	
	5	3	2	1			8	9

정답은 142쪽에 있습니다.

SUDOKU

050

★★☆

5				1	9	3	7	6
6		1				5		
3						1	2	8
	2		3		6	4	9	
7		9	4		1			5
4			7	9		6		1
8		4	1		7		6	3
		3	6				1	2
		6			8	7		

정답은 **142쪽**에 있습니다.

SUDOKU

051

★★☆

				9	8	4	7	
	4	2					9	
9						2		6
	3			5		9		4
2		4	1		6	8		
		1	4	3	9	7	6	2
8		9		2	3	5	4	
	6		9	8	4			1
4	2	3			5			

정답은 **142쪽**에 있습니다.

SUDOKU

052

★★☆

8	3	7		9			4	6
5						9		
6		9	8			5		
4					8		9	
9	8	5		2			3	
	7			4	9	8		
		6	1	5			2	
	4	8	9		2	7	5	
	5		4	8	7			

정답은 **142쪽**에 있습니다.

SUDOKU

053

★★☆

	6			5		8	9	
		8	2			6		3
9		7	6	4	8	1		5
7	2				4			
		9			5	4		8
8								7
2		4			3		6	
						5	8	2
		1			2		4	9

정답은 **143쪽**에 있습니다.

SUDOKU

054

★★☆

			5	7				
2	9					5	8	
7		5	2		8	9	6	4
	4			8		6		
		7		5		3		
3				9	2		7	1
5		8			1			3
	3	9	8	2	5			6
	7		9		3			8

정답은 **143쪽**에 있습니다.

SUDOKU

055

★★☆

		8	4		2	5		
	5				6	2	9	
4		6					7	1
9				6	5	3	8	
	8					9	5	7
5								6
7	3		1		4	6	2	8
2	6				3			
					7	1		5

정답은 **143쪽**에 있습니다.

SUDOKU

056

★★☆

9	2		6				4	
		4	9		8			
	8		4	2		3	1	
3		5			1		8	2
	7				9	1	3	6
	1		3	8		4	5	
2	5	7	1			8		4
1	6					5		3
		3	8				6	1

정답은 **143쪽**에 있습니다.

SUDOKU

057

★★☆

	1		3	5				
		3		1				5
	6		4		7		1	2
		6		2				4
3			1		4	8	2	6
	2		5	6	8			
2	9	1		4		6	8	3
		8		9		2		7
6	7	4			2	5	9	

정답은 **144쪽**에 있습니다.

SUDOKU

058

★★☆

	5	4	2					6
6			3	4	9		5	
9						8		2
			4	6			8	
			5		2	6		4
		6		1	8	2	7	3
		1	8				6	9
	2	5	6	9	1	4		
8	6			3	4	5		1

정답은 **144쪽**에 있습니다.

SUDOKU

059

★★☆

8	2			1	7	6	4	
	1	4	8	6	9	5	3	
	9		2	4				7
9	8	7			6			3
1						7	9	
5		3	9	7		2		
2			6				8	
		9		8		4	2	1
					2	9	7	

정답은 **144쪽**에 있습니다.

SUDOKU

060

★★☆

6	5	9		7	1			
	4		9	8	3		5	
		7	6		5		9	4
		4	5	6			3	7
						6	4	1
7	6		1		9		2	
	3	2		5			6	9
		6	3		8		1	
			2	1	6			3

정답은 **144쪽**에 있습니다.

SUDOKU

061

★★☆

			3					
	1				7	2	3	
7	5		9		2	1		
	4	2	5		6	3	8	
	9	8	2	4			7	1
		7					2	
2			7		9	8	5	
			6		5			
9	7				4	6		2

정답은 **145쪽**에 있습니다.

SUDOKU

062

★★☆

	8				7	1		
		6			2		9	
		7		6		8	2	3
6		5			9			
	4			3	6	9		
	3	2		1	4	6		5
	2				5			6
	5	9						
						4	5	

정답은 **145쪽**에 있습니다.

SUDOKU

063

★★☆

7	5		3	4	2	9		8
1	4	2			9			
8		9		1		7		4
9		8		3		5		
2	7		1		8		3	9
							8	2
5		7		2			6	
6	2		9					
4								1

정답은 **145쪽**에 있습니다.

SUDOKU

064

★★☆

	1	6	9	5	4		7	
9						1		
		3		1	2		6	9
			7	4		8		
1	4		5	2	9			6
			6			4		
3								5
			2	7	6			
	9		4	3				

정답은 **145쪽**에 있습니다.

SUDOKU

065

★★☆

	2							
	4		3	9	1	8		2
	8	3	6					
	3			7	8	2	5	6
	1			6		4	7	
	6	7			2		9	
	7	6			5	9	8	
		8		3	6	5		4
3		4	2	8	9	6	1	

정답은 **146쪽**에 있습니다.

SUDOKU

066

★★☆

		4	6	2	1			5
3		2	4	7	9			
	9							4
6							5	2
2			3	5	8			1
		8	2	4	6		9	7
	2	7	1			6	4	8
		5	8	6			1	9
	6	1			4		2	

정답은 **146쪽**에 있습니다.

SUDOKU

067

★★☆

8	7				4	5	3	
			7	9	5	8		
2		5				4		7
			3	2	7		5	1
		9		5	6			
		3	9	4	1		8	6
9					3	1	7	8
	8		1		2			5
1	6		5	8				4

정답은 **146쪽**에 있습니다.

SUDOKU

068

★★☆

3					2		9	1
		8			5	6	2	
2		6			4		5	
8		4	2		1			
5				4	6	3	8	2
7		2	5	3			1	4
	8	3	6				4	5
4	2			5	3	8		
6				8	9			

정답은 **146쪽**에 있습니다.

SUDOKU

069

★★☆

1	8	9					3	4
	4		1	6	3		5	
3			8			7		1
		1	3			2		8
				2		1	9	
8	5		9	1	7		4	6
		3		8	1	9		7
9	1			3		4		2
4	7				6			

정답은 **147쪽**에 있습니다.

SUDOKU

070

★★☆

4				5		2		7
	7							
			1					4
7			5	8	6			3
8		1		4		7		6
5				1		8	9	
2		5	3					
	9		8	7			3	1
			4	9				

정답은 147쪽에 있습니다.

SUDOKU

071

★★☆

			2		1	7		5
	5				7			6
7	3			6	5		4	
					2			1
6	2	4	1	7	9			
		5	3		6			7
			6			2	7	3
	7	8		2	3		6	
2		3			4		1	

정답은 147쪽에 있습니다.

SUDOKU

072

★★☆

	4		5		6	7		
9				7		5		
	5	8		1	9	6	3	
3		4		5		2	6	7
1			3		4	8	9	5
8					2			
5	2	1				3		
6	8				5	4		

정답은 **147쪽**에 있습니다.

SUDOKU

073

★★☆

			6					
							4	7
3		2			4	8		6
8				2			6	
			1		7			
	5	9	3	8	6			2
5			9					4
9			4	7			2	8
7		4		3		5		1

정답은 **148쪽**에 있습니다.

SUDOKU

074

★★☆

	4		1	7		6		
	3	2	4	9			1	5
1								
		1		3	2			
3	5			1		2		9
4	2				8			7
	9		5		1			6
7						5		1
5		6	2		7	9		

정답은 **148쪽**에 있습니다.

SUDOKU

075

★★☆

3			7		5	9	1	2
9			3		1			
	7	5	6	9		4		
			8	3	4	6		
7	3	8	5		6	1		
5	4		9			8		
	1	9	2	6		5		
6	2	7	1		8	3	9	
8				7	9	2		

정답은 **148쪽**에 있습니다.

SUDOKU

076

★★☆

	3			5		6	4	8
		5	3	8				9
6		2	4	1	9			
	5		7	6				1
4		6		3	5	8		
3	7	1			8	4		5
8		4				5	3	2
2	6						8	
			8	4	2	9		

정답은 148쪽에 있습니다.

SUDOKU

077

★★☆

8	1			6			4	7
3		7	1			8	9	6
				2	7			
2		8				9	7	3
6			5	7		4		
7		4	3				5	1
	4				6		8	
	7	6				5	1	2
1	8	2		9	5	3		

정답은 **149쪽**에 있습니다.

SUDOKU

078

★★☆

2	1	3	8				9	
				4	7	3		
	7	6					1	
1		4	3	7		6		9
6		7				5	2	1
8		9	2		1	4		3
5	4	2			8			
	6		7			2		8
7	9				2	1	4	

정답은 **149쪽**에 있습니다.

SUDOKU

079

★★☆

	1	9		7			4	5
5	6	2	4	1	8		9	
			3			1		
2			7		5		1	8
			9	2				
1		6			3	7	5	2
9					2		7	4
6		7	1		4	5		
		3	6	9			8	1

정답은 **149쪽**에 있습니다.

SUDOKU

080

★★☆

	3	6		1	4		8	2
	2		6		7		3	
	4	7		2	8	6	9	5
				8	2			7
				3		8	4	9
6	8		9					
	6	1	2					
2	7	3		6	1			4
	9	8		4			2	6

정답은 **149쪽**에 있습니다.

SUDOKU

081

★★☆

	6	7					9	
	4	9			2	7	8	
	5	8	7			1	3	
				1		6		8
	7			6	3	4		9
		6	5	4		3	1	
7	1			3	5	9		
		3		2	4		7	1
6	8			7		5	4	

정답은 **150쪽**에 있습니다.

SUDOKU

082

★★☆

					6		4	7
			5					
6	9	1						
	3		7	2	4		8	
1				8			7	9
7		8	1			4	3	6
		4	3		1	6		2
3	1	9			8		5	
5	6	2	4	7	9		1	

정답은 **150쪽**에 있습니다.

SUDOKU

083

★★☆

			3					2
			6	2	8	1		5
			4	5			7	
9	2						6	
4					6			9
		6	9					
	7				3	5	2	
6	4		7	1			8	
	8	3		9		6		

정답은 **150쪽**에 있습니다.

SUDOKU

084

★★☆

	1				5	3		
			6	7	9			5
		9			2	4		
	5		2	1		8		3
7	6	3	4	9		1		2
2		1						
			3					1
	4	5	7	2	6		3	
	2			8	1	5		7

정답은 150쪽에 있습니다.

SUDOKU

085

★★☆

				2	1	7		
	3							
6				3	7	4		
		3			8	5		7
	7							
9		2		7			6	
				8	9			5
3		9			2	8	1	6
				1				2

정답은 151쪽에 있습니다.

SUDOKU

086

★★☆

8		6			5	7		
3		9	4	1		5	2	6
1	5	4		2		3	8	
	3	5	1	7			9	2
2	8		5				7	3
9	6		3					
5	4					9		
7			2					5
	9	3						7

정답은 **151쪽**에 있습니다.

SUDOKU

087

★★☆

							9	8
8	4		1	2	9			7
		7				4	2	1
4	8		2	1	7		5	
1	5		9	3	6		8	
3	7			5				
					1	2		3
9	2	1	3	7				
	3	8						

정답은 **151쪽**에 있습니다.

SUDOKU

088

★★☆

6	1	5				4	2	
	4		5		7			1
			6		4		8	
	3	6	2	7		1	5	4
1	7	2		4			3	
			1	3			7	
	6	7	9			5	4	
	8	1	4			7		
5		4			2	8		3

정답은 **151쪽**에 있습니다.

SUDOKU
089
★★☆

9	8		2	6		3		4
1							2	
					3			
2	9		7	4		6		
	6		5	3		7		1
3	5		1		6	2		8
		3	8	1	4			
7	1				9		3	5
6	4		3		5	8	1	2

정답은 **152쪽**에 있습니다.

SUDOKU

090

★★☆

6		3	7					
			5	9		6	7	
	2	7				1		5
3	7	6	4					1
2	9					3	5	
5	4		1	2		7	6	
	1	9		4	5		3	6
4		2			6			
		5	3		1	4	9	2

정답은 **152쪽**에 있습니다.

SUDOKU

091

★★★

				5	6			
		5	8	2	9	1	4	7
		7	1			6	5	
1				3	5			
7	9		6		2			4
2				7	8			9
5		9	2				6	3
4	3	2	5					
6	7	8		9				

정답은 **152쪽**에 있습니다.

SUDOKU

092

★★★

		2	8		6			
	5			4				2
9				7	3			
1		4		6		5		3
7	3		4				2	
	8	9		2			6	1
	9			3	4			
						6	8	
	6	1	7	8		3		

정답은 **152쪽**에 있습니다.

SUDOKU

093

★★★

8		9		5		7	1	
5	1		9		3			
3			6			9	5	
			7					
	7					3		5
6	2	4						
7	8	3	2		6			
					7		3	4
		6		3		8		

정답은 **153쪽**에 있습니다.

SUDOKU

094

★★★

2		7	8		3			9
			6			8		3
	9	3				5		7
6						7	5	8
		9		3			4	1
5					6	3		
1					7	9	8	
3	5	8		1		2		
9			5			1		

정답은 **153쪽**에 있습니다.

SUDOKU

095

★★★

	9		1	5				7
		5						
7		3			9			8
	7	4		8		9		2
		9			5		8	1
	8	1	2	9				4
	6			3	2	1	7	5
4					7		3	
1				6	8	4		9

정답은 **153쪽**에 있습니다.

SUDOKU

096

★★★

	3		7		8			
		8	4		5		3	
						7		
5	9	1				6	7	8
	7	3		8		1		
	6	4	9		1			
	8	7			4	3	6	1
3						2	5	
		2		6			9	7

정답은 **153쪽**에 있습니다.

SUDOKU

097

★★★

1		7	8			5		
	3			4		7		
		8			3	6		2
4		1		5	2	8	7	3
							5	6
		5	4		7			
	8			2		1	4	7
2	1	4			9	3		5
				6				9

정답은 **154쪽**에 있습니다.

SUDOKU

098

★★★

	6			4				9
	9		1		3	2		5
					8			
				8		9		7
3		7		5				1
		9		2		6		
	7	6	4	3	5	1		2
		2			9	5		4
		4			2	3	7	6

정답은 **154쪽**에 있습니다.

SUDOKU

099

★★★

4								
	8				6	1	7	
	6		1	2	5			
		4		6	1		5	
2				7				
					4			
	4	9			3		1	7
1			7	5		4		3
		7	4	1	2	9		

정답은 **154쪽**에 있습니다.

SUDOKU

100

★★★

	2		5	4			9	
		4	2	9	8	5		1
		5			7	2		4
2	4	3				6	8	
5		7			6		2	
8				2		7	1	3
			6			9		
	3	8	9			1		2
			8	7	1	3	5	

정답은 **154쪽**에 있습니다.

SUDOKU

101

★★★

							7	
			1	4		8	6	2
		6			2		1	9
	2	9	7		1			
5	7	8			6	1	9	
	6			9				
			3			7		
	3		9		5	6	4	8
	4	5	2	8				

정답은 **155쪽**에 있습니다.

SUDOKU

102

★★★

		1					6	
3	2		4	9				1
8	9	6			2	4	3	
4	3		6			2		5
			5					9
						3	1	
		2			3	1		
7	6				5			
1	5	3		4	9	7	2	6

정답은 **155쪽**에 있습니다.

SUDOKU

103

★★★

			2			3		
5	3	1			9		7	2
		7		6	3	1	9	8
7	1				5			
4		3		7	8	2		
8		6		4	1			
							6	1
1	9						5	
6	8	5			4	7		3

정답은 **155쪽**에 있습니다.

SUDOKU

104

★★★

9	6							2
	8				3	4	6	5
4		7	5	6			9	
			3		9	7		1
8	2		1		7			
		3			5		2	
7	5	2	4	3	8		1	
6		4						
		8						

정답은 155쪽에 있습니다.

SUDOKU

105

★★★

	2	1		6				
				7				
5			2			9		
	7				1	2		
6		8				3		
2								4
8	6	9		4	7		3	
	3				9	4	5	8
4			1			7	9	6

정답은 **156쪽**에 있습니다.

SUDOKU

106

★★★

				3			6	
	3	5					9	
				4		5	3	7
	6			5		9		
	2			6	9		7	3
7		8	2		3		5	
		2		7	4			9
					2	7		
	8		6				4	

정답은 **156쪽**에 있습니다.

SUDOKU

107

★★★

2					7			8
8	6					3	1	7
						2		
								1
		3	4					6
9	8			5		7	2	
				4	1			5
	5		7	9	3	1	8	
1	9	8	2					

정답은 156쪽에 있습니다.

SUDOKU

108

★★★

		3		5				
1	2	5				7	9	3
	4	8			3		6	
	1				8			
	9							2
	8	6	3					
	7				6		1	9
			9		2			5
	5			8	7	2		4

정답은 **156쪽**에 있습니다.

SUDOKU

109

★★★

						9	3	
9	1							6
			6	2				
	8	5	2					
	7							5
1	2	9	5				4	
		8	7			4		
2	3			6			7	
	9	4	8		3	2	6	1

정답은 157쪽에 있습니다.

SUDOKU

110

★★★

4		1	6			8		
	9	7						3
	6		7	5		2		
	3			9				
		9				4		
	7	4	1		6			
	1	3	4			9		
		6			2			7
9	2	5			8			4

정답은 **157쪽**에 있습니다.

SUDOKU

111

★★★

		5		3				
			9	5				6
			1	2				5
			4	9				
	1	9		8		3		4
2			6				1	
		4			5		9	1
	7	6	2					
5		1	3			7	6	2

정답은 **157쪽**에 있습니다.

SUDOKU

112

★★★

	1		3			5		
		5		4		2		
	2				1			4
	3	6			7	8		
	7		4	2				5
5								7
	4			6		9	8	2
	5	9	2	7				
			8	9		7	5	

정답은 **157쪽**에 있습니다.

SUDOKU

113

★★★

	6	3	4	9			8	
			1		6		2	4
	4					3		9
							7	
		8		7				
3			6	8	9	4	5	
8		9				7	4	5
	3		8		7	2		
			9	2	5		3	6

정답은 **158쪽**에 있습니다.

SUDOKU

114

★★★

6	5				8			7
		7	5	3		1	8	
	8	1		7	9	3	5	
	1		9		3	6		8
			1			4	3	
3				8		5		1
7	6		3	4	5			2
5	4	2	8	9				
					7	9		

정답은 **158쪽**에 있습니다.

SUDOKU

115

★★★

		5	9				2	
7	3	9			6		1	
6	2			4			9	
			4					2
9		7				5		
2	5	4	8	1			3	
4		2			3	8		9
	9			8	5	2	6	

정답은 **158쪽**에 있습니다.

SUDOKU

116

★★★

			6					4
2					4	7		
3		8		5			9	
	3	2		9	5			1
	1					5	2	9
8			1			4		
	2	1	8	6			4	
	6	7	5		1	9		2
9	8				2		1	5

정답은 **158쪽**에 있습니다.

SUDOKU

117

★★★

2		9		4				
	3						7	
	6					3		4
		1						7
	9	4		5	1		2	6
			4					5
	4	3		8		5		
				9		7		
8	7		1	3	5		4	2

정답은 159쪽에 있습니다.

SUDOKU

118

★★★

2				3	8	4		
1							6	
	7						1	
			7					
4			6		3	5		
	9			8			3	
	2	7	5	1		8		
	5	9	8				4	6
8	4				9	7		2

정답은 159쪽에 있습니다.

SUDOKU

119

★★★

			2			9		
			8	6	7	5		
6								
	9	6						
7	2	3					9	
8			6	9	1		2	
	8		1			6	5	9
		1	9		3			
	4	2			6		1	3

정답은 159쪽에 있습니다.

SUDOKU

120

★★★

				9			3	
	9	3	7	5		8		
	4				3	7		
3						5		7
							9	
7	6	9		8				1
		2	4		1		6	
				3	9	1		4
	3			2	6			5

정답은 159쪽에 있습니다.

001

8	2	9	4	1	7	6	3	5
5	3	6	2	8	9	1	4	7
7	1	4	5	3	6	9	8	2
2	5	8	1	6	4	3	7	9
9	7	1	3	2	5	8	6	4
6	4	3	9	7	8	2	5	1
3	9	5	8	4	2	7	1	6
1	6	2	7	5	3	4	9	8
4	8	7	6	9	1	5	2	3

002

1	7	3	5	9	2	6	4	8
4	9	2	1	8	6	7	5	3
8	6	5	3	7	4	2	1	9
2	3	6	7	4	8	1	9	5
7	4	1	6	5	9	8	3	2
5	8	9	2	3	1	4	7	6
3	2	4	9	6	7	5	8	1
9	1	8	4	2	5	3	6	7
6	5	7	8	1	3	9	2	4

003

1	5	3	2	9	8	7	4	6
9	2	8	7	4	6	3	1	5
6	7	4	1	5	3	2	8	9
4	1	5	8	2	9	6	7	3
3	8	6	5	7	1	4	9	2
2	9	7	3	6	4	1	5	8
5	4	2	9	3	7	8	6	1
7	3	1	6	8	5	9	2	4
8	6	9	4	1	2	5	3	7

004

2	1	3	4	9	6	5	8	7
6	4	8	1	7	5	2	9	3
5	9	7	2	8	3	6	4	1
1	7	9	3	4	2	8	6	5
4	3	2	5	6	8	7	1	9
8	6	5	9	1	7	4	3	2
3	2	4	6	5	1	9	7	8
7	5	6	8	3	9	1	2	4
9	8	1	7	2	4	3	5	6

005

7	5	1	9	8	2	6	3	4
2	3	6	5	4	1	7	8	9
8	9	4	7	3	6	1	2	5
1	7	9	2	5	3	8	4	6
3	4	8	6	9	7	2	5	1
5	6	2	4	1	8	9	7	3
9	1	5	8	7	4	3	6	2
6	8	3	1	2	5	4	9	7
4	2	7	3	6	9	5	1	8

006

7	3	5	6	1	3	9	2	4
9	4	1	5	7	2	8	3	6
6	2	3	9	4	8	1	7	5
2	7	8	3	6	1	4	5	9
1	6	4	2	9	5	3	8	7
3	5	9	4	8	7	2	6	1
8	3	7	1	5	9	6	4	2
4	1	2	7	3	6	5	9	8
5	9	6	8	2	4	7	1	3

007

6	1	5	9	4	2	8	3	7
4	8	2	1	7	3	6	9	5
3	9	7	6	5	8	1	4	2
8	5	1	4	3	7	2	6	9
2	3	6	8	1	9	5	7	4
9	7	4	2	6	5	3	1	8
7	2	9	3	8	1	4	5	6
1	4	8	5	9	6	7	2	3
5	6	3	7	2	4	9	8	1

008

4	9	1	8	5	2	7	6	3
7	6	8	3	4	1	2	9	5
2	5	3	7	6	9	1	8	4
1	4	2	9	8	5	3	7	6
9	3	5	1	7	6	4	2	8
6	8	7	2	3	4	9	5	1
3	7	6	4	2	8	5	1	9
5	1	4	6	9	7	8	3	2
8	2	9	5	1	3	6	4	7

009

5	7	2	1	4	9	8	3	6
9	8	6	2	7	3	4	1	5
1	4	3	6	8	5	7	2	9
4	9	7	5	3	6	1	8	2
3	1	8	4	9	2	5	6	7
6	2	5	7	1	8	3	9	4
2	6	4	8	5	1	9	7	3
7	3	1	9	6	4	2	5	8
8	5	9	3	2	7	6	4	1

010

7	1	4	2	3	6	9	5	8
6	3	8	9	5	4	2	7	1
2	5	9	7	1	8	6	4	3
4	2	1	3	8	7	5	6	9
9	8	3	5	6	2	4	1	7
5	7	6	1	4	9	8	3	2
1	6	5	8	9	3	7	2	4
3	9	2	4	7	5	1	8	6
8	4	7	6	2	1	3	9	5

011

4	2	7	5	1	3	8	6	9
8	5	6	2	9	7	3	4	1
3	9	1	6	8	4	5	2	7
7	3	5	4	2	8	9	1	6
9	6	4	3	7	1	2	8	5
1	8	2	9	5	6	4	7	3
2	1	3	7	4	9	6	5	8
5	7	9	8	6	2	1	3	4
6	4	8	1	3	5	7	9	2

012

4	7	2	1	5	3	9	6	8
6	1	9	8	7	2	4	3	5
3	5	8	4	6	9	7	1	2
9	8	5	3	1	7	6	2	4
1	6	4	5	2	8	3	7	9
7	2	3	9	4	6	8	5	1
8	9	1	6	3	5	2	4	7
2	4	6	7	8	1	5	9	3
5	3	7	2	9	4	1	8	6

013

9	3	4	1	8	7	5	6	2
1	5	2	6	4	3	8	7	9
8	7	6	5	9	2	4	1	3
2	6	7	3	5	4	9	8	1
5	4	9	7	1	8	2	3	6
3	1	8	2	6	9	7	4	5
6	2	5	8	7	1	3	9	4
7	9	1	4	3	5	6	2	8
4	8	3	9	2	6	1	5	7

014

5	1	6	9	2	8	4	7	3
2	8	9	7	4	3	5	6	1
7	3	4	6	1	5	2	9	8
4	5	8	3	7	1	9	2	6
9	7	1	8	6	2	3	5	4
6	2	3	5	9	4	1	8	7
8	4	2	1	5	7	6	3	9
1	6	7	2	3	9	8	4	5
3	9	5	4	8	6	7	1	2

015

1	2	7	6	9	4	5	3	8
9	8	6	7	3	5	2	1	4
3	5	4	2	1	8	9	6	7
5	3	1	8	4	2	6	7	9
4	6	2	9	7	3	8	5	1
8	7	9	1	5	6	3	4	2
6	9	5	4	8	1	7	2	3
2	4	8	3	6	7	1	9	5
7	1	3	5	2	9	4	8	6

016

2	1	6	9	8	3	7	4	5
3	9	5	6	4	7	2	1	8
4	8	7	5	1	2	9	3	6
7	2	4	3	9	8	6	5	1
8	5	3	7	6	1	4	9	2
9	6	1	4	2	5	3	8	7
1	4	8	2	3	6	5	7	9
6	7	9	8	5	4	1	2	3
5	3	2	1	7	9	8	6	4

017

2	8	1	4	9	7	6	3	5
9	3	4	6	5	8	2	1	7
6	7	5	1	3	2	4	8	9
1	4	8	9	2	5	3	7	6
5	9	7	8	6	3	1	4	2
3	2	6	7	4	1	9	5	8
4	5	2	3	7	9	8	6	1
8	6	9	5	1	4	7	2	3
7	1	3	2	8	6	5	9	4

018

8	3	9	1	5	6	4	7	2
7	4	5	8	2	9	3	1	6
1	6	2	4	3	7	5	9	8
3	2	1	9	6	5	8	4	7
4	5	6	7	8	1	9	2	3
9	7	8	3	4	2	1	6	5
5	9	7	6	1	8	2	3	4
6	8	4	2	9	3	7	5	1
2	1	3	5	7	4	6	8	9

019

9	3	1	4	5	7	8	2	6
5	2	8	3	6	1	4	9	7
4	7	6	2	9	8	5	1	3
3	1	4	7	8	2	6	5	9
2	5	9	6	4	3	1	7	8
8	6	7	9	1	5	2	3	4
1	9	2	8	7	4	3	6	5
6	4	3	5	2	9	7	8	1
7	8	5	1	3	6	9	4	2

020

6	4	3	8	5	9	2	1	7
2	5	1	3	7	6	9	4	8
8	7	9	1	2	4	5	6	3
1	9	8	4	6	7	3	2	5
5	2	7	9	3	1	4	8	6
4	3	6	2	8	5	1	7	9
7	6	2	5	1	3	8	9	4
9	1	5	7	4	8	6	3	2
3	8	4	6	9	2	7	5	1

021

6	4	8	7	2	9	5	3	1
1	7	2	5	6	3	4	8	9
5	3	9	1	8	4	2	6	7
4	2	3	6	5	7	9	1	8
7	1	6	2	9	8	3	4	5
8	9	5	4	3	1	6	7	2
3	6	7	9	1	2	8	5	4
2	5	1	8	4	6	7	9	3
9	8	4	3	7	5	1	2	6

022

5	7	8	4	9	1	2	3	6
2	1	4	7	3	6	8	5	9
3	9	6	8	5	2	1	7	4
1	3	2	5	4	9	6	8	7
4	6	7	3	2	8	5	9	1
9	8	5	1	6	7	3	4	2
8	4	9	6	1	3	7	2	5
7	5	1	2	8	4	9	6	3
6	2	3	9	7	5	4	1	8

023

1	6	8	4	3	9	7	2	5
7	5	2	1	8	6	4	3	9
3	9	4	2	5	7	1	6	8
2	8	7	5	6	3	9	1	4
4	1	9	8	7	2	3	5	6
6	3	5	9	1	4	2	8	7
5	2	3	7	4	8	6	9	1
8	4	6	3	9	1	5	7	2
9	7	1	6	2	5	8	4	3

024

1	9	4	2	3	6	5	7	8
7	2	5	4	8	9	3	1	6
3	8	6	1	7	5	4	9	2
9	1	7	3	4	2	8	6	5
8	4	3	5	6	1	9	2	7
5	6	2	7	9	8	1	3	4
2	7	9	8	1	4	6	5	3
6	3	8	9	5	7	2	4	1
4	5	1	6	2	3	7	8	9

025

8	7	4	1	2	9	5	6	3
5	9	1	4	3	6	2	7	8
2	3	6	7	5	8	9	4	1
6	4	2	5	7	3	1	8	9
1	8	9	2	6	4	7	3	5
3	5	7	9	8	1	6	2	4
9	2	5	3	4	7	8	1	6
4	1	8	6	9	2	3	5	7
7	6	3	8	1	5	4	9	2

026

9	4	1	3	2	7	5	6	8
8	3	6	1	4	5	2	7	9
7	5	2	8	6	9	3	4	1
1	2	3	6	5	8	4	9	7
5	8	9	2	7	4	1	3	6
4	6	7	9	3	1	8	5	2
2	7	4	5	8	6	9	1	3
3	9	5	7	1	2	6	8	4
6	1	8	4	9	3	7	2	5

027

1	2	9	5	4	7	3	8	6
3	6	5	8	9	1	4	7	2
7	8	4	3	6	2	5	1	9
6	5	2	1	3	4	7	9	8
8	1	7	2	5	9	6	4	3
4	9	3	7	8	6	2	5	1
9	4	8	6	2	5	1	3	7
2	3	1	4	7	8	9	6	5
5	7	6	9	1	3	8	2	4

028

4	5	1	6	8	2	3	9	7
9	8	7	5	1	3	6	2	4
3	2	6	7	4	9	8	1	5
6	1	3	9	5	4	2	7	8
7	4	8	1	2	6	5	3	9
5	9	2	8	3	7	4	6	1
8	3	5	2	7	1	9	4	6
1	6	4	3	9	5	7	8	2
2	7	9	4	6	8	1	5	3

029

3	5	1	4	2	9	6	8	7
2	6	7	5	1	8	9	3	4
4	9	8	3	6	7	2	5	1
5	1	4	6	9	2	3	7	8
6	2	3	7	8	4	1	9	5
8	7	9	1	5	3	4	6	2
9	8	5	2	4	6	7	1	3
1	3	2	9	7	5	8	4	6
7	4	6	8	3	1	5	2	9

030

2	5	1	3	4	9	6	8	7
6	8	9	1	7	5	4	3	2
3	4	7	2	6	8	9	5	1
9	1	4	8	5	6	7	2	3
7	6	5	4	2	3	1	9	8
8	3	2	9	1	7	5	6	4
4	7	3	6	9	2	8	1	5
1	2	6	5	8	4	3	7	9
5	9	8	7	3	1	2	4	6

031

9	1	7	3	6	5	8	2	4
8	5	4	9	2	1	3	6	7
3	2	6	4	7	8	5	1	9
1	6	3	2	8	7	4	9	5
5	4	9	1	3	6	2	7	8
7	8	2	5	4	9	6	3	1
4	9	8	6	1	3	7	5	2
2	3	1	7	5	4	9	8	6
6	7	5	8	9	2	1	4	3

032

2	8	4	7	6	1	9	5	3
6	5	3	8	2	9	1	7	4
9	1	7	5	4	3	6	2	8
3	7	2	9	5	4	8	1	6
8	6	5	3	1	2	7	4	9
1	4	9	6	8	7	2	3	5
5	3	1	2	9	8	4	6	7
4	9	6	1	7	5	3	8	2
7	2	8	4	3	6	5	9	1

033

6	7	5	3	2	1	4	8	9
4	9	3	6	5	8	1	2	7
2	8	1	4	7	9	3	6	5
9	3	7	2	6	5	8	1	4
8	4	2	1	9	7	6	5	3
1	5	6	8	3	4	7	9	2
3	1	4	5	8	2	9	7	6
7	2	8	9	4	6	5	3	1
5	6	9	7	1	3	2	4	8

034

5	6	8	3	1	4	2	9	7
3	7	2	9	6	5	4	1	8
1	4	9	2	8	7	6	3	5
4	2	5	8	7	1	3	6	9
6	9	1	4	5	3	7	8	2
8	3	7	6	2	9	1	5	4
2	1	4	5	9	6	8	7	3
9	8	6	7	3	2	5	4	1
7	5	3	1	4	8	9	2	6

035

9	1	5	7	8	3	2	6	4
7	3	8	4	2	6	1	9	5
2	4	6	1	9	5	7	8	3
3	2	9	8	7	4	5	1	6
4	6	1	9	5	2	3	7	8
5	8	7	6	3	1	9	4	2
1	7	2	5	6	8	4	3	9
8	9	3	2	4	7	6	5	1
6	5	4	3	1	9	8	2	7

036

9	1	4	7	8	2	3	5	6
6	5	3	1	9	4	7	8	2
7	2	8	3	5	6	9	4	1
1	3	5	8	4	7	6	2	9
2	4	9	6	1	5	8	3	7
8	6	7	2	3	9	5	1	4
5	9	2	4	7	8	1	6	3
4	7	1	5	6	3	2	9	8
3	8	6	9	2	1	4	7	5

037

5	1	4	8	6	3	2	7	9
7	2	3	5	4	9	6	1	8
6	9	8	1	7	2	5	3	4
4	8	2	9	1	7	3	6	5
1	3	7	6	5	4	8	9	2
9	5	6	3	2	8	1	4	7
8	6	1	7	9	5	4	2	3
3	4	9	2	8	6	7	5	1
2	7	5	4	3	1	9	8	6

038

9	4	3	6	2	1	7	5	8
1	8	7	4	5	9	6	2	3
2	5	6	3	8	7	4	1	9
4	2	9	8	6	3	1	7	5
7	6	5	9	1	4	3	8	2
3	1	8	2	7	5	9	4	6
5	7	2	1	3	6	8	9	4
8	3	4	7	9	2	5	6	1
6	9	1	5	4	8	2	3	7

039

4	7	5	6	1	2	9	8	3
1	9	3	4	5	8	6	2	7
6	8	2	3	9	7	5	4	1
8	1	6	2	7	9	3	5	4
3	2	7	1	4	5	8	9	6
5	4	9	8	6	3	1	7	2
9	3	8	7	2	6	4	1	5
7	5	1	9	3	4	2	6	8
2	6	4	5	8	1	7	3	9

040

2	8	4	9	3	6	5	1	7
1	6	3	8	7	5	2	9	4
5	9	7	4	2	1	6	3	8
9	7	1	3	5	8	4	2	6
3	5	6	7	4	2	9	8	1
8	4	2	6	1	9	7	5	3
7	3	8	5	9	4	1	6	2
4	1	9	2	6	3	8	7	5
6	2	5	1	8	7	3	4	9

041

7	6	2	9	5	4	3	8	1
1	3	8	6	7	2	4	9	5
5	4	9	3	1	8	2	6	7
8	2	7	1	3	6	9	5	4
4	1	3	8	9	5	7	2	6
9	5	6	2	4	7	1	3	8
2	8	1	4	6	3	5	7	9
6	9	5	7	2	1	8	4	3
3	7	4	5	8	9	6	1	2

042

3	6	2	1	4	8	7	5	9
8	1	7	9	3	5	4	6	2
4	5	9	7	2	6	3	8	1
5	8	3	4	1	2	9	7	6
6	2	1	5	9	7	8	4	3
9	7	4	8	6	3	1	2	5
2	4	8	3	5	1	6	9	7
1	9	6	2	7	4	5	3	8
7	3	5	6	8	9	2	1	4

043

3	4	7	2	1	8	6	9	5
8	2	1	5	6	9	4	3	7
5	9	6	4	3	7	8	1	2
9	8	3	7	2	4	1	5	6
1	6	4	3	8	5	2	7	9
2	7	5	6	9	1	3	4	8
4	5	2	8	7	3	9	6	1
7	1	8	9	4	6	5	2	3
6	3	9	1	5	2	7	8	4

044

6	1	9	8	3	4	7	5	2
7	8	2	9	6	5	4	3	1
3	5	4	7	2	1	8	6	9
1	4	8	3	5	9	2	7	6
9	2	7	6	4	8	5	1	3
5	6	3	2	1	7	9	4	8
8	3	1	4	7	2	6	9	5
2	7	6	5	9	3	1	8	4
4	9	5	1	8	6	3	2	7

045

7	6	2	5	4	9	3	8	1
1	9	5	2	8	3	6	4	7
4	3	8	1	7	6	2	9	5
9	5	3	7	1	4	8	2	6
6	8	7	3	2	5	9	1	4
2	4	1	9	6	8	5	7	3
3	7	4	6	9	2	1	5	8
5	1	9	8	3	7	4	6	2
8	2	6	4	5	1	7	3	9

046

9	3	6	7	1	8	2	4	5
7	5	8	4	6	2	3	1	9
2	4	1	5	3	9	7	8	6
1	7	5	3	8	4	9	6	2
3	8	2	1	9	6	5	7	4
4	6	9	2	5	7	8	3	1
6	2	7	8	4	5	1	9	3
8	1	4	9	2	3	6	5	7
5	9	3	6	7	1	4	2	8

047

8	4	5	7	6	1	9	3	2
9	1	6	8	3	2	7	4	5
2	7	3	4	9	5	6	8	1
3	5	7	6	8	9	1	2	4
6	2	1	5	4	7	3	9	8
4	9	8	2	1	3	5	7	6
5	3	4	1	7	8	2	6	9
1	8	9	3	2	6	4	5	7
7	6	2	9	5	4	8	1	3

048

7	1	9	8	2	4	3	5	6
2	3	6	5	1	7	8	9	4
8	5	4	9	6	3	7	2	1
3	9	1	6	7	2	4	8	5
6	7	5	4	8	1	9	3	2
4	2	8	3	9	5	1	6	7
9	8	2	1	4	6	5	7	3
5	4	7	2	3	9	6	1	8
1	6	3	7	5	8	2	4	9

049

1	2	5	7	6	8	9	4	3
4	3	9	5	2	1	8	6	7
6	8	7	4	3	9	1	2	5
3	4	1	6	9	7	2	5	8
2	9	6	3	8	5	7	1	4
5	7	8	1	4	2	3	9	6
8	1	4	9	7	6	5	3	2
9	6	2	8	5	3	4	7	1
7	5	3	2	1	4	6	8	9

050

5	4	2	8	1	9	3	7	6
6	8	1	2	7	3	5	4	9
3	9	7	5	6	4	1	2	8
1	2	8	3	5	6	4	9	7
7	6	9	4	8	1	2	3	5
4	3	5	7	9	2	6	8	1
8	5	4	1	2	7	9	6	3
9	7	3	6	4	5	8	1	2
2	1	6	9	3	8	7	5	4

051

1	5	6	2	9	8	4	7	3
3	4	2	5	6	7	1	9	8
9	7	8	3	4	1	2	5	6
6	3	7	8	5	2	9	1	4
2	9	4	1	7	6	8	3	5
5	8	1	4	3	9	7	6	2
8	1	9	6	2	3	5	4	7
7	6	5	9	8	4	3	2	1
4	2	3	7	1	5	6	8	9

052

8	3	7	2	9	5	1	4	6
5	1	4	3	7	6	9	8	2
6	2	9	8	1	4	5	7	3
4	6	1	5	3	8	2	9	7
9	8	5	7	2	1	6	3	4
2	7	3	6	4	9	8	1	5
7	9	6	1	5	3	4	2	8
3	4	8	9	6	2	7	5	1
1	5	2	4	8	7	3	6	9

053

1	6	2	3	5	7	8	9	4
4	5	8	2	1	9	6	7	3
9	3	7	6	4	8	1	2	5
7	2	3	1	8	4	9	5	6
6	1	9	7	2	5	4	3	8
8	4	5	9	3	6	2	1	7
2	8	4	5	9	3	7	6	1
3	9	6	4	7	1	5	8	2
5	7	1	8	6	2	3	4	9

054

6	8	4	5	7	9	1	3	2
2	9	3	6	1	4	5	8	7
7	1	5	2	3	8	9	6	4
9	4	1	3	8	7	6	2	5
8	2	7	1	5	6	3	4	9
3	5	6	4	9	2	8	7	1
5	6	8	7	4	1	2	9	3
4	3	9	8	2	5	7	1	6
1	7	2	9	6	3	4	5	8

055

1	9	8	4	7	2	5	6	3
3	5	7	8	1	6	2	9	4
4	2	6	3	5	9	8	7	1
9	1	4	7	6	5	3	8	2
6	8	3	2	4	1	9	5	7
5	7	2	9	3	8	4	1	6
7	3	5	1	9	4	6	2	8
2	6	1	5	8	3	7	4	9
8	4	9	6	2	7	1	3	5

056

9	2	1	6	5	3	7	4	8
7	3	4	9	1	8	6	2	5
5	8	6	4	2	7	3	1	9
3	4	5	7	6	1	9	8	2
8	7	2	5	4	9	1	3	6
6	1	9	3	8	2	4	5	7
2	5	7	1	3	6	8	9	4
1	6	8	2	9	4	5	7	3
4	9	3	8	7	5	2	6	1

057

7	1	2	3	5	9	4	6	8
8	4	3	2	1	6	9	7	5
9	6	5	4	8	7	3	1	2
1	8	6	9	2	3	7	5	4
3	5	9	1	7	4	8	2	6
4	2	7	5	6	8	1	3	9
2	9	1	7	4	5	6	8	3
5	3	8	6	9	1	2	4	7
6	7	4	8	3	2	5	9	1

058

1	5	4	2	8	7	3	9	6
6	8	2	3	4	9	1	5	7
9	7	3	1	5	6	8	4	2
2	1	7	4	6	3	9	8	5
3	9	8	5	7	2	6	1	4
5	4	6	9	1	8	2	7	3
4	3	1	8	2	5	7	6	9
7	2	5	6	9	1	4	3	8
8	6	9	7	3	4	5	2	1

059

8	2	5	3	1	7	6	4	9
7	1	4	8	6	9	5	3	2
3	9	6	2	4	5	8	1	7
9	8	7	4	2	6	1	5	3
1	6	2	5	3	8	7	9	4
5	4	3	9	7	1	2	6	8
2	7	1	6	9	4	3	8	5
6	5	9	7	8	3	4	2	1
4	3	8	1	5	2	9	7	6

060

6	5	9	4	7	1	3	8	2
2	4	1	9	8	3	7	5	6
3	8	7	6	2	5	1	9	4
8	1	4	5	6	2	9	3	7
9	2	5	8	3	7	6	4	1
7	6	3	1	4	9	5	2	8
1	3	2	7	5	4	8	6	9
4	7	6	3	9	8	2	1	5
5	9	8	2	1	6	4	7	3

061

4	2	6	3	5	1	7	9	8
8	1	9	4	6	7	2	3	5
7	5	3	9	8	2	1	6	4
1	4	2	5	7	6	3	8	9
6	9	8	2	4	3	5	7	1
5	3	7	1	9	8	4	2	6
2	6	4	7	1	9	8	5	3
3	8	1	6	2	5	9	4	7
9	7	5	8	3	4	6	1	2

062

2	8	3	9	5	7	1	6	4
4	1	6	3	8	2	5	9	7
5	9	7	4	6	1	8	2	3
6	7	5	8	2	9	3	4	1
1	4	8	5	3	6	9	7	2
9	3	2	7	1	4	6	8	5
8	2	4	1	9	5	7	3	6
7	5	9	6	4	3	2	1	8
3	6	1	2	7	8	4	5	9

063

7	5	6	3	4	2	9	1	8
1	4	2	8	7	9	3	5	6
8	3	9	6	1	5	7	2	4
9	1	8	2	3	6	5	4	7
2	7	4	1	5	8	6	3	9
3	6	5	7	9	4	1	8	2
5	9	7	4	2	1	8	6	3
6	2	1	9	8	3	4	7	5
4	8	3	5	6	7	2	9	1

064

2	1	6	9	5	4	3	7	8
9	8	5	3	6	7	1	2	4
4	7	3	8	1	2	5	6	9
5	6	2	7	4	3	8	9	1
1	4	8	5	2	9	7	3	6
7	3	9	6	8	1	4	5	2
3	2	7	1	9	8	6	4	5
8	5	4	2	7	6	9	1	3
6	9	1	4	3	5	2	8	7

065

6	2	1	8	5	4	7	3	9
7	4	5	3	9	1	8	6	2
9	8	3	6	2	7	1	4	5
4	3	9	1	7	8	2	5	6
5	1	2	9	6	3	4	7	8
8	6	7	5	4	2	3	9	1
2	7	6	4	1	5	9	8	3
1	9	8	7	3	6	5	2	4
3	5	4	2	8	9	6	1	7

066

7	8	4	6	2	1	9	3	5
3	5	2	4	7	9	1	8	6
1	9	6	5	8	3	2	7	4
6	4	3	9	1	7	8	5	2
2	7	9	3	5	8	4	6	1
5	1	8	2	4	6	3	9	7
9	2	7	1	3	5	6	4	8
4	3	5	8	6	2	7	1	9
8	6	1	7	9	4	5	2	3

067

8	7	6	2	1	4	5	3	9
4	3	1	7	9	5	8	6	2
2	9	5	6	3	8	4	1	7
6	4	8	3	2	7	9	5	1
7	1	9	8	5	6	2	4	3
5	2	3	9	4	1	7	8	6
9	5	2	4	6	3	1	7	8
3	8	4	1	7	2	6	9	5
1	6	7	5	8	9	3	2	4

068

3	7	5	8	6	2	4	9	1
1	4	8	9	7	5	6	2	3
2	9	6	3	1	4	7	5	8
8	3	4	2	9	1	5	7	6
5	1	9	7	4	6	3	8	2
7	6	2	5	3	8	9	1	4
9	8	3	6	2	7	1	4	5
4	2	7	1	5	3	8	6	9
6	5	1	4	8	9	2	3	7

069

1	8	9	5	7	2	6	3	4
2	4	7	1	6	3	8	5	9
3	6	5	8	4	9	7	2	1
6	9	1	3	5	4	2	7	8
7	3	4	6	2	8	1	9	5
8	5	2	9	1	7	3	4	6
5	2	3	4	8	1	9	6	7
9	1	6	7	3	5	4	8	2
4	7	8	2	9	6	5	1	3

070

4	6	3	9	5	8	2	1	7
1	7	2	6	3	4	9	8	5
9	5	8	1	2	7	3	6	4
7	2	9	5	8	6	1	4	3
8	3	1	2	4	9	7	5	6
5	4	6	7	1	3	8	9	2
2	8	5	3	6	1	4	7	9
6	9	4	8	7	2	5	3	1
3	1	7	4	9	5	6	2	8

071

4	9	6	2	3	1	7	8	5
8	5	2	4	9	7	1	3	6
7	3	1	8	6	5	9	4	2
3	8	7	5	4	2	6	9	1
6	2	4	1	7	9	3	5	8
9	1	5	3	8	6	4	2	7
5	4	9	6	1	8	2	7	3
1	7	8	9	2	3	5	6	4
2	6	3	7	5	4	8	1	9

072

2	4	3	5	8	6	7	1	9
9	1	6	4	7	3	5	2	8
7	5	8	2	1	9	6	3	4
3	9	4	8	5	1	2	6	7
1	7	2	3	6	4	8	9	5
8	6	5	7	9	2	1	4	3
5	2	1	9	4	7	3	8	6
6	8	9	1	3	5	4	7	2
4	3	7	6	2	8	9	5	1

073

1	4	7	6	5	8	2	3	9
6	8	5	2	9	3	1	4	7
3	9	2	7	1	4	8	5	6
8	7	1	5	2	9	4	6	3
2	3	6	1	4	7	9	8	5
4	5	9	3	8	6	7	1	2
5	2	8	9	6	1	3	7	4
9	1	3	4	7	5	6	2	8
7	6	4	8	3	2	5	9	1

074

9	4	5	1	7	3	6	8	2
8	3	2	4	9	6	7	1	5
1	6	7	8	2	5	3	9	4
6	7	1	9	3	2	4	5	8
3	5	8	7	1	4	2	6	9
4	2	9	6	5	8	1	3	7
2	9	3	5	4	1	8	7	6
7	8	4	3	6	9	5	2	1
5	1	6	2	8	7	9	4	3

075

3	6	4	7	8	5	9	1	2
9	8	2	3	4	1	7	5	6
1	7	5	6	9	2	4	3	8
2	9	1	8	3	4	6	7	5
7	3	8	5	2	6	1	4	9
5	4	6	9	1	7	8	2	3
4	1	9	2	6	3	5	8	7
6	2	7	1	5	8	3	9	4
8	5	3	4	7	9	2	6	1

076

1	3	9	2	5	7	6	4	8
7	4	5	3	8	6	2	1	9
6	8	2	4	1	9	7	5	3
9	5	8	7	6	4	3	2	1
4	2	6	1	3	5	8	9	7
3	7	1	9	2	8	4	6	5
8	9	4	6	7	1	5	3	2
2	6	7	5	9	3	1	8	4
5	1	3	8	4	2	9	7	6

077

8	1	5	9	6	3	2	4	7
3	2	7	1	5	4	8	9	6
4	6	9	8	2	7	1	3	5
2	5	8	6	4	1	9	7	3
6	3	1	5	7	9	4	2	8
7	9	4	3	8	2	6	5	1
5	4	3	2	1	6	7	8	9
9	7	6	4	3	8	5	1	2
1	8	2	7	9	5	3	6	4

078

2	1	3	8	5	6	7	9	4
9	8	5	1	4	7	3	6	2
4	7	6	9	2	3	8	1	5
1	2	4	3	7	5	6	8	9
6	3	7	4	8	9	5	2	1
8	5	9	2	6	1	4	7	3
5	4	2	6	1	8	9	3	7
3	6	1	7	9	4	2	5	8
7	9	8	5	3	2	1	4	6

079

3	1	9	2	7	6	8	4	5
5	6	2	4	1	8	3	9	7
7	4	8	3	5	9	1	2	6
2	3	4	7	6	5	9	1	8
8	7	5	9	2	1	4	6	3
1	9	6	8	4	3	7	5	2
9	8	1	5	3	2	6	7	4
6	2	7	1	8	4	5	3	9
4	5	3	6	9	7	2	8	1

080

9	3	6	5	1	4	7	8	2
8	2	5	6	9	7	4	3	1
1	4	7	3	2	8	6	9	5
3	1	9	4	8	2	5	6	7
7	5	2	1	3	6	8	4	9
6	8	4	9	7	5	2	1	3
4	6	1	2	5	9	3	7	8
2	7	3	8	6	1	9	5	4
5	9	8	7	4	3	1	2	6

081

3	6	7	4	8	1	2	9	5
1	4	9	3	5	2	7	8	6
2	5	8	7	9	6	1	3	4
4	3	5	9	1	7	6	2	8
8	7	1	2	6	3	4	5	9
9	2	6	5	4	8	3	1	7
7	1	4	8	3	5	9	6	2
5	9	3	6	2	4	8	7	1
6	8	2	1	7	9	5	4	3

082

2	5	3	9	1	6	8	4	7
4	8	7	5	3	2	9	6	1
6	9	1	8	4	7	5	2	3
9	3	6	7	2	4	1	8	5
1	4	5	6	8	3	2	7	9
7	2	8	1	9	5	4	3	6
8	7	4	3	5	1	6	9	2
3	1	9	2	6	8	7	5	4
5	6	2	4	7	9	3	1	8

083

5	6	8	3	7	1	4	9	2
7	9	4	6	2	8	1	3	5
3	1	2	4	5	9	8	7	6
9	2	7	1	4	5	3	6	8
4	3	1	2	8	6	7	5	9
8	5	6	9	3	7	2	4	1
1	7	9	8	6	3	5	2	4
6	4	5	7	1	2	9	8	3
2	8	3	5	9	4	6	1	7

084

6	1	2	8	4	5	3	7	9
4	3	8	6	7	9	2	1	5
5	7	9	1	3	2	4	8	6
9	5	4	2	1	7	8	6	3
7	6	3	4	9	8	1	5	2
2	8	1	5	6	3	7	9	4
8	9	7	3	5	4	6	2	1
1	4	5	7	2	6	9	3	8
3	2	6	9	8	1	5	4	7

085

8	9	4	6	2	1	7	5	3
1	3	7	8	4	5	6	2	9
6	2	5	9	3	7	4	8	1
4	1	3	2	6	8	5	9	7
5	7	6	1	9	4	2	3	8
9	8	2	5	7	3	1	6	4
2	6	1	4	8	9	3	7	5
3	4	9	7	5	2	8	1	6
7	5	8	3	1	6	9	4	2

086

8	2	6	9	3	5	7	4	1
3	7	9	4	1	8	5	2	6
1	5	4	6	2	7	3	8	9
4	3	5	1	7	6	8	9	2
2	8	1	5	4	9	6	7	3
9	6	7	3	8	2	1	5	4
5	4	2	7	6	1	9	3	8
7	1	8	2	9	3	4	6	5
6	9	3	8	5	4	2	1	7

087

2	1	3	7	6	4	5	9	8
8	4	5	1	2	9	6	3	7
6	9	7	5	8	3	4	2	1
4	8	6	2	1	7	3	5	9
1	5	2	9	3	6	7	8	4
3	7	9	4	5	8	1	6	2
5	6	4	8	9	1	2	7	3
9	2	1	3	7	5	8	4	6
7	3	8	6	4	2	9	1	5

088

6	1	5	3	9	8	4	2	7
9	4	8	5	2	7	3	6	1
7	2	3	6	1	4	9	8	5
8	3	6	2	7	9	1	5	4
1	7	2	8	4	5	6	3	9
4	5	9	1	3	6	2	7	8
3	6	7	9	8	1	5	4	2
2	8	1	4	5	3	7	9	6
5	9	4	7	6	2	8	1	3

089

9	8	5	2	6	1	3	7	4
1	3	6	4	8	7	5	2	9
4	7	2	9	5	3	1	8	6
2	9	1	7	4	8	6	5	3
8	6	4	5	3	2	7	9	1
3	5	7	1	9	6	2	4	8
5	2	3	8	1	4	9	6	7
7	1	8	6	2	9	4	3	5
6	4	9	3	7	5	8	1	2

090

6	5	3	7	1	4	9	2	8
1	8	4	5	9	2	6	7	3
9	2	7	6	3	8	1	4	5
3	7	6	4	5	9	2	8	1
2	9	1	8	6	7	3	5	4
5	4	8	1	2	3	7	6	9
7	1	9	2	4	5	8	3	6
4	3	2	9	8	6	5	1	7
8	6	5	3	7	1	4	9	2

091

8	4	1	7	5	6	9	3	2
3	6	5	8	2	9	1	4	7
9	2	7	1	4	3	6	5	8
1	8	4	9	3	5	2	7	6
7	9	3	6	1	2	5	8	4
2	5	6	4	7	8	3	1	9
5	1	9	2	8	4	7	6	3
4	3	2	5	6	7	8	9	1
6	7	8	3	9	1	4	2	5

092

3	1	2	8	5	6	7	4	9
6	5	7	1	4	9	8	3	2
9	4	8	2	7	3	1	5	6
1	2	4	9	6	8	5	7	3
7	3	6	4	1	5	9	2	8
5	8	9	3	2	7	4	6	1
8	9	5	6	3	4	2	1	7
2	7	3	5	9	1	6	8	4
4	6	1	7	8	2	3	9	5

093

8	6	9	4	5	2	7	1	3
5	1	2	9	7	3	4	8	6
3	4	7	6	1	8	9	5	2
1	3	5	7	6	9	2	4	8
9	7	8	1	2	4	3	6	5
6	2	4	3	8	5	1	7	9
7	8	3	2	4	6	5	9	1
2	5	1	8	9	7	6	3	4
4	9	6	5	3	1	8	2	7

094

2	6	7	8	5	3	4	1	9
4	1	5	6	7	9	8	2	3
8	9	3	1	4	2	5	6	7
6	3	2	4	9	1	7	5	8
7	8	9	2	3	5	6	4	1
5	4	1	7	8	6	3	9	2
1	2	4	3	6	7	9	8	5
3	5	8	9	1	4	2	7	6
9	7	6	5	2	8	1	3	4

095

8	9	6	1	5	3	2	4	7
2	1	5	8	7	4	6	9	3
7	4	3	6	2	9	5	1	8
5	7	4	3	8	1	9	6	2
6	2	9	7	4	5	3	8	1
3	8	1	2	9	6	7	5	4
9	6	8	4	3	2	1	7	5
4	5	2	9	1	7	8	3	6
1	3	7	5	6	8	4	2	9

096

6	3	9	7	2	8	4	1	5
7	2	8	4	1	5	9	3	6
1	4	5	6	3	9	7	8	2
5	9	1	3	4	2	6	7	8
2	7	3	5	8	6	1	4	9
8	6	4	9	7	1	5	2	3
9	8	7	2	5	4	3	6	1
3	1	6	8	9	7	2	5	4
4	5	2	1	6	3	8	9	7

097

1	2	7	8	9	6	5	3	4
5	3	6	2	4	1	7	9	8
9	4	8	5	7	3	6	1	2
4	9	1	6	5	2	8	7	3
3	7	2	9	1	8	4	5	6
8	6	5	4	3	7	9	2	1
6	8	9	3	2	5	1	4	7
2	1	4	7	8	9	3	6	5
7	5	3	1	6	4	2	8	9

098

2	6	3	5	4	7	8	1	9
7	9	8	1	6	3	2	4	5
4	1	5	2	9	8	7	6	3
6	2	1	3	8	4	9	5	7
3	8	7	9	5	6	4	2	1
5	4	9	7	2	1	6	3	8
8	7	6	4	3	5	1	9	2
1	3	2	6	7	9	5	8	4
9	5	4	8	1	2	3	7	6

099

4	1	2	8	9	7	5	3	6
9	8	5	3	4	6	1	7	2
7	6	3	1	2	5	8	9	4
3	9	4	2	6	1	7	5	8
2	5	6	9	7	8	3	4	1
8	7	1	5	3	4	6	2	9
5	4	9	6	8	3	2	1	7
1	2	8	7	5	9	4	6	3
6	3	7	4	1	2	9	8	5

100

1	2	6	5	4	3	8	9	7
3	7	4	2	9	8	5	6	1
9	8	5	1	6	7	2	3	4
2	4	3	7	1	9	6	8	5
5	1	7	3	8	6	4	2	9
8	6	9	4	2	5	7	1	3
7	5	1	6	3	2	9	4	8
6	3	8	9	5	4	1	7	2
4	9	2	8	7	1	3	5	6

101

9	1	2	6	3	8	5	7	4
7	5	3	1	4	9	8	6	2
4	8	6	5	7	2	3	1	9
3	2	9	7	5	1	4	8	6
5	7	8	4	2	6	1	9	3
1	6	4	8	9	3	2	5	7
8	9	1	3	6	4	7	2	5
2	3	7	9	1	5	6	4	8
6	4	5	2	8	7	9	3	1

102

5	4	1	3	7	8	9	6	2
3	2	7	4	9	6	5	8	1
8	9	6	1	5	2	4	3	7
4	3	9	6	8	1	2	7	5
2	1	8	5	3	7	6	4	9
6	7	5	9	2	4	3	1	8
9	8	2	7	6	3	1	5	4
7	6	4	2	1	5	8	9	3
1	5	3	8	4	9	7	2	6

103

9	6	8	2	1	7	3	4	5
5	3	1	4	8	9	6	7	2
2	4	7	5	6	3	1	9	8
7	1	9	3	2	5	4	8	6
4	5	3	6	7	8	2	1	9
8	2	6	9	4	1	5	3	7
3	7	4	8	5	2	9	6	1
1	9	2	7	3	6	8	5	4
6	8	5	1	9	4	7	2	3

104

9	6	5	8	1	4	3	7	2
2	8	1	7	9	3	4	6	5
4	3	7	5	6	2	1	9	8
5	4	6	3	2	9	7	8	1
8	2	9	1	4	7	5	3	6
1	7	3	6	8	5	9	2	4
7	5	2	4	3	8	6	1	9
6	9	4	2	7	1	8	5	3
3	1	8	9	5	6	2	4	7

105

7	2	1	9	6	4	5	8	3
3	9	4	8	7	5	6	2	1
5	8	6	2	1	3	9	4	7
9	7	3	4	8	1	2	6	5
6	4	8	7	5	2	3	1	9
2	1	5	3	9	6	8	7	4
8	6	9	5	4	7	1	3	2
1	3	7	6	2	9	4	5	8
4	5	2	1	3	8	7	9	6

106

9	7	4	5	3	1	2	6	8
8	3	5	7	2	6	1	9	4
2	1	6	9	4	8	5	3	7
4	6	3	8	5	7	9	2	1
5	2	1	4	6	9	8	7	3
7	9	8	2	1	3	4	5	6
3	5	2	1	7	4	6	8	9
6	4	9	3	8	2	7	1	5
1	8	7	6	9	5	3	4	2

107

2	1	9	6	3	7	5	4	8
8	6	4	5	2	9	3	1	7
5	3	7	1	8	4	2	6	9
6	4	5	9	7	2	8	3	1
7	2	3	4	1	8	9	5	6
9	8	1	3	5	6	7	2	4
3	7	2	8	4	1	6	9	5
4	5	6	7	9	3	1	8	2
1	9	8	2	6	5	4	7	3

108

9	6	3	7	5	1	4	2	8
1	2	5	8	6	4	7	9	3
7	4	8	2	9	3	5	6	1
3	1	2	4	7	8	9	5	6
4	9	7	6	1	5	3	8	2
5	8	6	3	2	9	1	4	7
2	7	4	5	3	6	8	1	9
8	3	1	9	4	2	6	7	5
6	5	9	1	8	7	2	3	4

109

8	4	6	1	7	5	9	3	2
9	1	2	3	4	8	7	5	6
3	5	7	6	2	9	1	8	4
4	8	5	2	3	7	6	1	9
6	7	3	4	9	1	8	2	5
1	2	9	5	8	6	3	4	7
5	6	8	7	1	2	4	9	3
2	3	1	9	6	4	5	7	8
7	9	4	8	5	3	2	6	1

110

4	5	1	6	2	3	8	7	9
2	9	7	8	4	1	6	5	3
3	6	8	7	5	9	2	4	1
1	3	2	5	9	4	7	8	6
6	8	9	2	3	7	4	1	5
5	7	4	1	8	6	3	9	2
7	1	3	4	6	5	9	2	8
8	4	6	9	1	2	5	3	7
9	2	5	3	7	8	1	6	4

111

1	9	5	8	3	6	2	4	7
4	3	2	9	5	7	1	8	6
8	6	7	1	2	4	9	3	5
7	5	3	4	9	1	6	2	8
6	1	9	5	8	2	3	7	4
2	4	8	6	7	3	5	1	9
3	2	4	7	6	5	8	9	1
9	7	6	2	1	8	4	5	3
5	8	1	3	4	9	7	6	2

112

4	1	7	3	8	2	5	9	6
3	9	5	7	4	6	2	1	8
6	2	8	9	5	1	3	7	4
2	3	6	5	1	7	8	4	9
9	7	1	4	2	8	6	3	5
5	8	4	6	3	9	1	2	7
7	4	3	1	6	5	9	8	2
8	5	9	2	7	3	4	6	1
1	6	2	8	9	4	7	5	3

113

5	6	3	4	9	2	1	8	7
9	8	7	1	3	6	5	2	4
1	4	2	7	5	8	3	6	9
4	5	6	2	1	3	9	7	8
2	9	8	5	7	4	6	1	3
3	7	1	6	8	9	4	5	2
8	2	9	3	6	1	7	4	5
6	3	5	8	4	7	2	9	1
7	1	4	9	2	5	8	3	6

114

6	5	3	4	1	8	2	9	7
9	2	7	5	3	6	1	8	4
4	8	1	2	7	9	3	5	6
2	1	4	9	5	3	6	7	8
8	7	5	1	6	2	4	3	9
3	9	6	7	8	4	5	2	1
7	6	9	3	4	5	8	1	2
5	4	2	8	9	1	7	6	3
1	3	8	6	2	7	9	4	5

115

8	4	5	9	7	1	3	2	6
7	3	9	5	2	6	4	1	8
6	2	1	3	4	8	7	9	5
3	1	6	4	5	7	9	8	2
9	8	7	6	3	2	5	4	1
2	5	4	8	1	9	6	3	7
4	7	2	1	6	3	8	5	9
1	9	3	7	8	5	2	6	4
5	6	8	2	9	4	1	7	3

116

1	7	9	6	8	3	2	5	4
2	5	6	9	1	4	7	3	8
3	4	8	2	5	7	1	9	6
7	3	2	4	9	5	8	6	1
6	1	4	3	7	8	5	2	9
8	9	5	1	2	6	4	7	3
5	2	1	8	6	9	3	4	7
4	6	7	5	3	1	9	8	2
9	8	3	7	4	2	6	1	5

117

2	1	9	7	4	3	6	5	8
4	3	8	5	1	6	2	7	9
5	6	7	9	2	8	3	1	4
3	5	1	8	6	2	4	9	7
7	9	4	3	5	1	8	2	6
6	8	2	4	7	9	1	3	5
9	4	3	2	8	7	5	6	1
1	2	5	6	9	4	7	8	3
8	7	6	1	3	5	9	4	2

118

2	6	5	1	3	8	4	7	9
1	8	3	9	4	7	2	6	5
9	7	4	2	5	6	3	1	8
5	3	6	7	2	1	9	8	4
4	1	8	6	9	3	5	2	7
7	9	2	4	8	5	6	3	1
6	2	7	5	1	4	8	9	3
3	5	9	8	7	2	1	4	6
8	4	1	3	6	9	7	5	2

119

4	7	8	2	3	5	9	6	1
2	1	9	8	6	7	5	3	4
6	3	5	4	1	9	2	7	8
1	9	6	3	7	2	4	8	5
7	2	3	5	4	8	1	9	6
8	5	4	6	9	1	3	2	7
3	8	7	1	2	4	6	5	9
5	6	1	9	8	3	7	4	2
9	4	2	7	5	6	8	1	3

120

1	7	5	6	9	8	4	3	2
2	9	3	7	5	4	8	1	6
8	4	6	2	1	3	7	5	9
3	1	4	9	6	2	5	8	7
5	2	8	1	4	7	6	9	3
7	6	9	3	8	5	2	4	1
9	5	2	4	7	1	3	6	8
6	8	7	5	3	9	1	2	4
4	3	1	8	2	6	9	7	5

The 모두의 스도쿠 N°2

초판발행 : 2025년 9월 12일
2쇄발행 : 2026년 1월 15일

지 은 이 | 스도쿠 크리에이터
펴 낸 이 | 고명흠
펴 낸 곳 | 랜딩북스

출판등록 | 2019년 5월 21일 제2019-000050호
주 소 | 서울시 서대문구 세검정로1길 93,
벽산아파트 상가 A동 304호
전 화 | (02)356-8402 / FAX (02)356-8404
E-MAIL | landingbooks@daum.net
홈페이지 | www.munyei.com

ISBN 979-11-91895-41-4 (10410)